科学能救命

在太空遇到流星体

[英]费利西娅·劳 [英]格里·贝利 著 [英]莱顿·诺伊斯 绘 苏京春 译

中信出版集团 | 北京

图书在版编目（CIP）数据

在太空遇到流星体 /（英）费利西娅·劳,（英）格
里·贝利著;（英）莱顿·诺伊斯绘;苏京春译 .-- 北
京 : 中信出版社 , 2022.4
（科学能救命）
书名原文 : Challenged in Space
ISBN 978-7-5217-4132-2

Ⅰ . ①在… Ⅱ . ①费… ②格… ③莱… ④苏… Ⅲ .
①外层空间－残骸分析－少儿读物 Ⅳ . ① V445-49

中国版本图书馆CIP数据核字（2022）第044638号

在太空遇到流星体
（科学能救命）

著　　者:〔英〕费利西娅·劳　〔英〕格里·贝利
绘　　者:〔英〕莱顿·诺伊斯
译　　者:苏京春
审　　订:魏博雯
出版发行:中信出版集团股份有限公司
　　　　　（北京市朝阳区惠新东街甲 4 号富盛大厦 2 座　邮编　100029）
承 印 者:北京联兴盛业印刷股份有限公司

开　　本:889mm×1194mm　1/20　　　印　　张:1.6　　　字　　数:34千字
版　　次:2022 年 4 月第 1 版　　　　　印　　次:2022 年 4 月第 1 次印刷
京权图字:01-2022-0637　　　　　　　审　图　号:01-2022-1390
书　　号:ISBN 978-7-5217-4132-2　　　此书中地图系原文插图
定　　价:158.00 元（全 10 册）

出　品:中信儿童书店
图书策划:红披风
策划编辑:黄夷白
责任编辑:李银慧
营销编辑:张旖旎　易晓倩　李鑫檀
装帧设计:李晓红

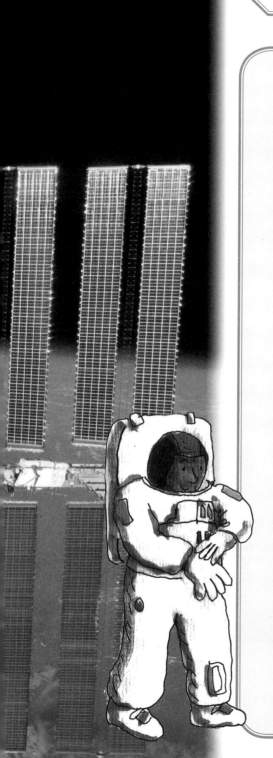

目 录

乔和碧博士的故事

你们好！我叫乔。

我和碧博士刚刚结束了一场挑战。

这次是在太空中！

是的，就是你头顶上方 400 千米的地方！

我们平常乘坐的飞机只能到头顶上空 12 千米左右，你可以想象一下我和碧博士去的地方，到底有多高……

这真是有史以来最激动人心的一次挑战了。

我和碧博士一直在国际空间站（International Space Station，ISS）里面做实验。

是的，我们一直生活在太空中！

故事开始喽！

今天是第一天！我和碧博士来到位于美国休斯敦的约翰逊航天中心。这里是任务控制中心的所在地，美国国家航空航天局在这里指挥国际空间站的运作。在一段时间内它也将是我们的家……

我们接受航天员需要的训练，就是为这一天做准备。

国际空间站

国际空间站是一个太空实验室。它在离我们约400千米的圆形轨道上绕着地球旋转。

高速

它运行非常快，只需要约90分钟就可以绕地球一圈。

事实上，它以每秒7.71千米的速度飞行。以这样的速度，可以在一天多的时间里从地球到达月球并返回。

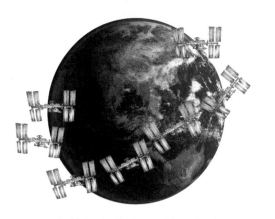

谁在空间站上

空间站使人类在太空生活和工作成为可能。事实上，自 2000 年第一批航天员抵达国际空间站以来，一直有人类在太空中生活。

每一个新来的航天员都将在国际空间站开启新的探险。航天员到达国际空间站一般会待 6 个月左右。国际空间站上通常一直有 6 名航天员，他们来自美国、俄罗斯、日本、加拿大和欧洲等国家和地区。

在轨运行期间，航天组人员的一个白天大约是 45 分钟，然后是 45 分钟的黑夜。他们每天能看到太阳升起和落下 16 次。

在空间站做什么

美国国家航空航天局和世界各地的其他航天机构都在制订探索其他星球的计划。空间站只是这个计划的第一步。在空间站，科学家正在研发新技术，并且开展一些地球上无法完成的实验。国际空间站也是一个观测站，通过它可以观测和拍摄太阳系和宇宙中其他可观测到的部分。

这是一张国际空间站拍摄的日本附近的萨里切夫火山爆发时的照片，火山灰和蒸汽正喷发到空中

一点一点地组装起来

　　工作于 1998 年开始，两年后第一批航天员抵达。俄罗斯于 1998 年 11 月 20 日发射了国际空间站的第一个太空舱"曙光号"。从那个时候到现在，"曙光号"已经有了很大的发展，成为一个不断变化和不断增加的集合体。

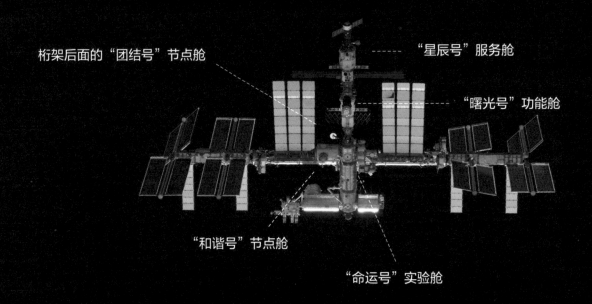

桁架后面的"团结号"节点舱

"星辰号"服务舱

"曙光号"功能舱

"和谐号"节点舱

"命运号"实验舱

　　它由许多加压舱组成，带有连接桁架结构，它一直从国际空间站的一端延伸到另一端。

　　连接在外部的机械臂帮助航天员在太空中移动，并帮助来访的航天器停靠。

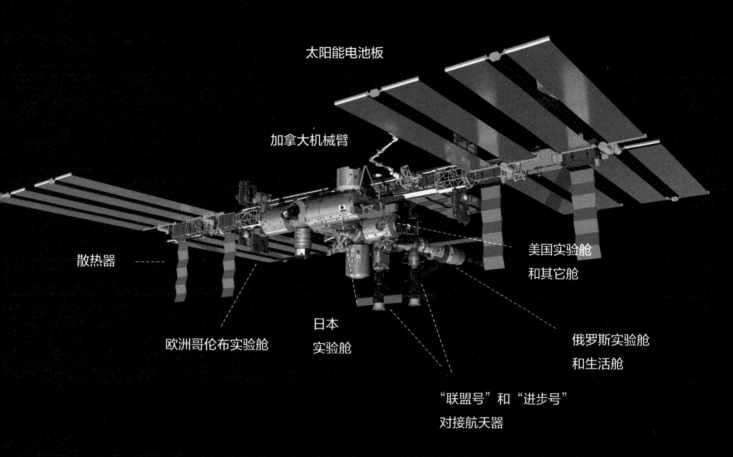

太阳能电池板

加拿大机械臂

散热器

欧洲哥伦布实验舱

日本
实验舱

美国实验舱
和其它舱

俄罗斯实验舱
和生活舱

"联盟号"和"进步号"
对接航天器

第一个太空舱中是能够满足空间站工作所需的部件。航天员也住在这些舱里。称为"节点舱"的太空舱将站点的各个部分连接起来。空间站上的实验室可供航天员做研究。

电力来自阳光，安装在桁架上的 16 个太阳能电池阵列将太阳能转换为电能。它们的翼展为 73 米，比波音 777 飞机还要宽。

穿上航天服

要在空间站外工作，我和碧博士需要航天服保护。

航天员需要穿上一种特殊的"内衣"，"内衣"里面装有冷却身体的冷水管。

帽子下面的头盔有一个通信用的无线电装备。

航天服的外套由两部分扣在一起制成。

这是航天服裤子。

比较僵硬的上衣，用于承载背包和控制模块。

手套必须非常贴合，还要足够灵活，以便握住小物体。

头盔能隔绝太阳光和其他有害射线。

背包是生命维持系统。它提供呼吸用的氧气，同时去除二氧化碳和水分。

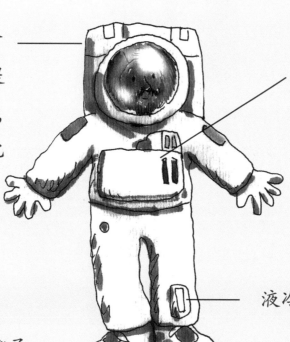

显示和控制模块相当于一个小型工作站。

这里是航天服内液冷却和通风的出口。

结实的靴子。

在一个巨大的水池里，我和碧博士花很多时间做水下训练。在水中游泳与在太空中漫步很相似，但不完全相同，人们在水中游泳的时候，不是太空失重。但是水中有浮力，这意味着你不会浮到水面上去或者沉入水底，这与太空中的失重非常相似。

我们还上了俄语和日语课。我们的训练还包括学习如何使用空间站中欧洲和日本的功能舱。

训练

一个人被选作航天员候选人，训练就开始了。训练完全合格，可能需要两到三年的时间。在通过训练期之后，他们就可以辅助已经在太空的航天员了。但要登上太空，还是需要等待一段时间的——有时候需要等待几年。

航天员在一个大泳池里练习如何使用他们的航天服

训练包括学习空间站的基础系统和例行程序

航天员还需要学习如何在空间站外执行任务，方便维修那些可能发生故障的部件

学习漂浮

航天员进入太空之前，必须习惯失重的状态。这种练习可以在水箱中完成。

位于得克萨斯州休斯敦约翰逊航天中心的中性浮力实验室，有世界上最大的室内游泳池——长 62 米，宽 31 米，深 12 米。它的底部有一个国际空间站的模型，这个模型和绕地球运行的空间站大小相同——这就是需要这么大水池的原因。

说俄语

国际空间站是以美国和俄罗斯为主建的一个联合项目，训练中的航天员多次往返于美国航空航天局和俄罗斯的加加林航天员培训中心。

航天员必须能听懂俄语，这样他们才能在与俄罗斯任务控制中心交谈时，听懂俄罗斯教员究竟说了什么。

我和碧博士进入了俄罗斯"联盟号"飞船。当第一个发动机点火时，我们就听到了非常低的隆隆声，紧接着所有东西都开始摇晃。

然后主发动机点火了，我们加快了速度。然后我们听到"砰"的一声接着"砰"的一声，火箭的一部分剥离了。

之后，我们顺利进入太空。

到太空中

航天员乘坐俄罗斯"联盟号"飞船进入太空。俄罗斯"联盟号"飞船从哈萨克斯坦的拜科努尔航天中心发射升空。

他们乘坐的狭窄的太空舱是 5 级火箭的一部分（这也就意味着火箭中的四个部分都将在飞行初期被丢弃或者说剥离。）

飞行通常会持续 50 个小时左右，因为需要进行复杂的操作才能满足国际空间站的轨道要求。当飞船接近国际空间站时，"联盟号"的雷达可以在 200 千米外就探测到国际空间站，并帮助它们自动精确对接。

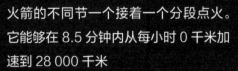

火箭的不同节一个接着一个分段点火。它能够在 8.5 分钟内从每小时 0 千米加速到 28 000 千米

"联盟 TMA-6" 宇宙飞船

航天员在模拟火箭发射噪声和
振动的模拟器中训练

地球上有重力真好啊。

如果没有重力，我们就都会飘浮到太空中去了。但是现在，我和碧博士必须在失重情况下走动。

空间站内几乎是没有重力的。

这意味着一切没有固定住的东西都可以四处飘浮——包括我们。

重力

引力是任何物体被另一物体牵引产生的力。地球上，这种引力就是重力，它把我们拉向地心。重力赋予我们重量。你离地球中心越远，你所受到的引力就越小。

航天员候选人体验微重力的感觉

微重力

在国际空间站，航天员生活在微重力的环境中，或者说根本没有重力。因为空间站离地球很远很远，所以在那里几乎感觉不到重力。

但是微重力却不是国际空间站内的物体飘浮在空中的原因。因为它在自己的轨道上时，自身受到的地心引力还是很强的。

由于重力的拉力而被抛起、划出抛物线直至最后落下的球

自由落体

航天员可以在国际空间站飘浮起来，是由于"自由落体"的作用。自由落体意味着物体抛出后会落回到地球，但对于国际空间站来说，"自由落体"作用可以使空间站围绕着地球运行。

虽然重力的作用会将空间站拉回地球，但是空间站移动的速度非常快。如果你扔出一个球，球会向上运动并且开始减速，球会在空中划出一条抛物线并在重力的作用下回到地面。但是国际空间站保持着恰好合适的速度以保证空间站可以围绕着地球运动而不会撞击回地球。

成功与国际空间站对接之后，我们通过气密过渡舱进入"曙光号"功能货舱。我和碧博士得花点时间来适应失重状态。

然后，我们就沿着一条环形隧道前行，进入"和谐号"节点舱。

其他航天员都在那里迎接我们——还拿着我们的餐盘！

全体航天员

一般来说，航天员在工作日每天工作 10 小时，在周六日工作 5 小时，其余时间休息，当然也有加班的时候。

每日时间表：

06:00　起床、检查舱站、早餐

08:10　开始工作、锻炼

13:05　午餐、多运动、多工作

19:30　晚餐、航天员会议

21:30　睡觉

航天员每天至少需要 2 小时的锻炼，才能在微重力环境下保持肌肉的力量。

空间站有一台运动跑步机、一个健身房和一辆无座运动自行车

"和谐号"节点舱

"和谐号"节点舱是四名航天员的家。床嵌在墙壁之中。每一个都只有电话亭那么大，有一个带电脑的睡袋，还有放置个人物品的空间。

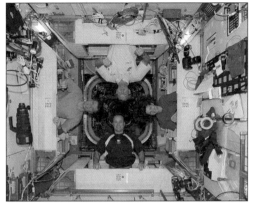

还有一盏台灯、一个书架和一个桌面

"团结号"节点舱是厨房，航天员在这里一起吃饭

这里没有冰箱、炉灶和微波炉，所以大部分食物都是提前煮熟的，然后冻干，真空包装好

还有浴室设施，墙上贴着牙刷和牙膏

"星辰号"服务舱

使用厕所时，你必须使用脚带将自己固定在座椅上。"便盆"使用吸力而不是水来冲洗

"星辰号"服务舱中还有两个睡眠站。在空间站里自由地飘浮着睡觉也不是不可能，但那样可能会碰到什么贵重的设备。

国际空间站没有椅子

在太空中工作

空间站上的每个人都很忙。机组人员必须确保空间站处于最佳状态，他们清洁、检查设备，修理或更换损坏的设备。他们也做一些在地球上无法开展的研究，以促进科技发展，为人类做贡献。

截至 2021 年 8 月，来自 19 个国家的 244 名航天员和太空游客已经访问了国际空间站。航天员在国际空间站日常开展的科学研究造福着世界各地的人。航天科学研究对许多领域都做出了很大贡献。

地球与太空

· 为地球与太空之间提供联系的窗口
· 改善地球上的食物供应
· 植物生物学
· 研究冰川、农业活动、森林、城市、珊瑚礁、洋流的变化

气象学

· 太阳观测站
· 陆地天气和大气科学
· 洋流
· 气旋强度测量
· 温室气体测量

教育

· 国际合作与科学传播

· 培育新生代科学家

· 为课堂教学提供素材

人体生物学

· 太空人体研究——平衡、消化、肌肉、骨骼、心脏、压力

· 研究微生物、细菌和干细胞、组织培养

· 开发治疗疾病的药物

· 癌症治疗、中风预防和其他疾病的研究

· 新药结晶研究

技术

· 机器人学和远程机器人学

· 通信和导航

· 生命支持和居住系统

· 探险目的地系统

· 科学仪器

· 升空、返回和着陆系统

物理学

· 研究宇宙的组成部分——暗能量和暗物质

· 天文研究

我和碧博士在实验室里有工作要做。我在测试用于医疗用途的蠕虫，而碧博士在微重力条件下种植植物——这些植物正常情况下知道向上的方向！

未来，去往更加遥远的星球的长途旅行中，航天员需要种植各种植物，为他们的餐桌提供新鲜蔬菜。

太空中的实验室

"命运号"实验舱是一个特殊的实验舱，它连接在国际空间站的主桁架上。那里可以存储和操作数百个实验。

这里还有一个冷冻室，它能用来储存样本，也能用来在温度受控的环境中将样本运送到空间站和从空间站运出。

一名航天员在"命运号"实验舱里检查 −80℃ 的冷冻室

温室

在太空中种植植物可真是一项挑战！在微重力条件下，种子不会乖乖地留在土壤中。在那里，种子也搞不清楚哪个方向是向上，哪个方向是向下，所以它们通常也不会朝"正确"的方向发芽。在太空中，土壤中的水和空气的运动也很特别。

在实验室检查植物

但是现在，国际空间站里有一个太空温室，用来放置一些特别设计的种植袋。在这里，科学家试验种植了生菜等新鲜蔬菜。

蔬菜生长在一个特殊的"生长袋"中，并保持凉爽

作物摄影机

在"命运号"实验舱的主要观察窗口有一个特殊的照相机，能拍摄地球上植被覆盖区域的紫外线图像。这些信息对农业方面的科学家非常有帮助，比如季节性气候条件及其对作物的影响。

太空行走

国际空间站需要维护——检查和维修是一项常规任务。但是，就在这一天，美国国家航空航天局发出警告，我们正面临一个比较严重的问题。

流星体碎片可能会撞击国际空间站，并可能损坏电子设备。于是，我参与了一次太空行走，为国际空间站建一个额外的防护罩。

但是这些流星体来得很早，我一下子失去了平衡。更糟糕的是，流星体碎片还破坏了我和国际空间站之间的连接。于是我不再和飞船绑在一起了。我很快抓起背包里操纵安全设备的操纵杆。

幸好它立刻启动了小型喷气推进器……这才把我推回了安全地带。

维护国际空间站时，航天员就要在太空舱外作业。这被称为太空行走，它的英文简写是 EVA

两名航天员正在舱外将一个新的部件连接到国际空间站的主桁架上

周而复始

国际空间站是绕地球轨道运行最近的空间站之一。

此前，包括苏联的"礼炮号"空间站、"和平号"空间站和军用空间站（用于军事侦察），以及美国的天空实验室。最新的一个是中国的天宫空间站。

苏联"和平号"空间站一直运行到2001年。它是第一个由多舱组成的空间站

"礼炮7号"空间站一直在低轨道运行，直到1991年

太空垃圾

从这里往下看，太空可能是空旷的，但实际上，太空中有很多垃圾。许多卫星和其他东西就被遗留在那里，也绕着地球运行，直到它们最终落入大气层被烧毁。据美国国家航空航天局估计，大约有 500 000 件太空垃圾正在围绕地球运行，它们的速度都高达每小时 28 000 千米。它们对每个载人航天器都是一种持续的危险。如果太空垃圾距离国际空间站太近，美国国家航空航天局就让国际空间站避开太空垃圾运行的轨道，避免相撞。

50万件太空垃圾在环绕地球的轨道上飘浮

上上下下

如果你正在离地球 400 千米的国际空间站上，购物肯定是有点困难的。你的补给是通过"天龙号"飞船带过去的。

"天龙号"飞船运载着补给，通过"猎鹰 9 号"火箭升空。当它抵达国际空间站时，会通过几次火箭点火使其就位。然后它被空间站的加拿大机械臂抓住，连接到"和谐号"节点舱的一个端口。

哈勃空间望远镜是太空中最重要的物品之一。它能够不受地球大气层的干扰，拍摄遥远宇宙的图像

天空实验室是美国第一个空间站。它从 1973 年到 1979 年一直在轨道上运行。里面有一个工作间、一个太阳天文台，以及一个允许航天员在太空中停留 84 天的系统

"天龙号"飞船被加拿大机械臂抓住了

"天龙号"宇宙飞船是用猎鹰火箭发射的

"天龙号"飞船正在前往国际空间站的途中

飞船上有 500 千克空间站工作人员的物品和给养，518 千克空间站硬件和设备，16 千克计算机和电子设备，51 千克有关太空行走的硬件、科学研究的硬件及实验所需要的设备，以及一台新的咖啡机

回家

　　离开国际空间站，航天员需要进入返回舱。返回舱是一个带有火箭动力的锥形飞行器。返回舱会把航天员带回地球。"反推火箭"的火箭发动机推进器会通过喷射来减慢返回舱落地时的速度，但返回舱还是会以巨大的撞击力着陆。

① 返回舱进入地球大气层

② 降落伞上方的舱门飞走了

③ 小降落伞打开

④ 主降落伞飞出

⑤ 主降落伞完全打开，同时防护隔热板被卸下

⑥ 在离地面约1米的地方，反推火箭开始喷射，使返回舱着陆尽可能柔和一些

⑦ 地勤人员正在等待打开舱门，帮助航天员出来

着陆分为七个阶段

未来

美国计划筹集资金，让国际空间站能工作到 2023 年，并与其他国际合作伙伴一道，将科学研究和国际合作的工作持续更长时间。

与此同时，美国国家航空航天局正在系统整理在空间站学到的经验和教训，为人类前往更远的太空做准备。

美国国家航空航天局控制中心始终追踪着国际空间站

追踪国际空间站

在特定的时间，从你居住的地方也可以看到空间站。

或者，你也可以去网站上探索它。

我和碧博士在太空中待了三个月后顺利回到了地球。我们已经完成了一些非常有用的研究，我们也期待着将这些科研成果传递给其他科学家。

也许，我们人类的航天员在以后踏上一段漫长的前往火星的旅程时，会吃着碧博士研究出来的植物，也说不定呢？

词汇表

自由落体
物体返回地球的自然方式。

引力 / 重力
将所有物体拉向彼此并减小物体之间距离的力。

气象学
对天气和气候的科学研究。

微重力
物体自由下落时重力变得微小的状态。

模拟器
航天员可以在其中体验太空环境的机器或装置。

太空行走
必须在航天器外进行的活动，或舱外活动。太空行走通常需要对外部设备进行维护和检查。

加拿大机械臂
从国际空间站桁架延伸出来的长长的机械手臂，可以帮助定位物体。

"命运号"实验舱
国际空间站上的美国实验室和研究室。

"天龙号"飞船
国际空间站最新的运载货物的小型太空飞船。

"和谐号"节点舱
美国机组人员的居住区。

日本实验舱
国际空间站日本合作伙伴的实验和研究舱。

实验舱
以某种方式连接在国际空间站主桁架上的存储或工作太空舱。

节点舱
从国际空间站的一个实验舱到另一个实验舱之间的连接部分。

"联盟号"飞船
在一次探险开始时将航天员运送到国际空间站的俄罗斯航天器。

桁架
国际空间站长长的框架，它形成了一个结构，所有其他部分都直接或间接地与之相连。

"团结号"节点舱
国际空间站俄罗斯和美国部分之间的一个节点舱，每个人都可以聚集在这里。

"曙光号"功能舱
国际空间站的第一个俄罗斯太空舱。

"星辰号"服务舱
国际空间站上俄罗斯的居住区太空舱。

《每个生命都重要: 身边的野生动物》

走遍全球 14 座大都市, 了解近在身边的 100 余种野生动物。

《世界上各种各样的房子》

一本书让孩子了解世界建筑史! 纵跨 6 000 年, 横涉 40 国, 介绍各地地理环境、建筑审美、房屋构建知识, 培养设计思维。

《怎样建一座大楼》

20 张详细步骤图, 让孩子了解我们身边的建筑学知识。

《像大科学家一样做实验》(漫画版)

超人气科学漫画书。40 位大科学家的故事, 71 个随手就能做的有趣实验, 物理学、数学、天文学等门类, 锻炼孩子动手、动眼和思考的能力。

《人类的速度》

5 大发展领域, 30 余位伟大探索者, 从赛场开始了解人类发展进步史, 把奥运拼搏精神延伸到生活之中。

《我们的未来》

从小了解未来的孩子更有远见! 26 大未来世界酷炫场景, 带孩子体验 20 年后的智能生活。